中国财富收藏鉴识讲堂

姚泽民讲琥珀

姚泽民◎编著

中国财富出版社

图书在版编目（CIP）数据

姚泽民讲琥珀 / 姚泽民编著 . —北京：中国财富出版社，2018.6
（中国财富收藏鉴识讲堂）
ISBN 978-7-5047-6694-6

Ⅰ.①姚…　Ⅱ.①姚…　Ⅲ.①琥珀 – 鉴赏　Ⅳ.① TS933.23

中国版本图书馆 CIP 数据核字（2018）第 142429 号

策划编辑	李小红		责任编辑	齐惠民　李小红			
责任印制	梁　凡　郭紫楠		责任校对	孙会香　张营营		责任发行	张红燕

出版发行	中国财富出版社	
社　　址	北京市丰台区南四环西路 188 号 5 区 20 楼	邮政编码　100070
电　　话	010—52227588 转 2048 / 2028（发行部）	010—52227588 转 321（总编室）
	010—52227588 转 100（读者服务部）	010—52227588 转 305（质检部）
网　　址	http://www.cfpress.com.cn	
经　　销	新华书店	
印　　刷	北京京都六环印刷厂	
书　　号	ISBN 978-7-5047-6694-6 / TS · 0098	
开　　本	787mm × 1092mm　1/24	版　次　2019 年 3 月第 1 版
印　　张	5.25	印　次　2019 年 3 月第 1 次印刷
字　　数	86 千字	定　价　58.00 元

目录

前言

　　中华民族是世界上最热爱收藏的民族。我国历史上有过多次"收藏热"，概括起来大约有五次：第一次是北宋时期；第二次是晚明时期；第三次是康乾盛世；第四次是晚清民国时期；第五次则是当今盛世。收藏对于我们来说，已不再仅仅是捡便宜的快乐、拥有财富的快乐，它还能带给我们艺术的享受和精神的追求。收藏，俨然已经成为人们的一种生活方式。

　　收藏是一种乐趣，但更是一门学问。收藏需要量力而行，收藏需要戒除贪婪，收藏不能轻信故事。然而，收藏最重要的依然是知识储备。鉴于此，姚泽民工作室联合中国财富出版社编辑出版了这套"中国财富收藏鉴识讲堂"丛书。当前，收藏鉴赏书籍层出不穷，可谓玉石杂糅。因此，我们这套丛书在强调实用性和可操作性的基础上，更加强调权威性，并为广大收藏爱好者提供最直接、最实在的帮助。这套丛书的作者，均是目前活跃在收藏鉴定界或央视《鉴宝》《一槌定音》等电视栏目的权威鉴宝专家。他们不仅是收藏家、鉴赏家，更是研究员和学者教授，其著述通俗易懂而又逻辑缜密。不管你是初涉收藏的爱好者，还是资深收藏家，都能从这套丛书中汲取知识营养，从而使自己真正享受到收藏的乐趣。

本书作者姚泽民先生，历任旅游卫视《艺眼看世界》艺术顾问，CCTV（中国中央电视台）老故事频道《艺术之乡》制片人，CCTV 中国影响力频道《泽民说画》栏目特约评论家、主持人，中国教育电视台《艺术中国》栏目制片人、运营总监，广东卫视《中国大画家》栏目特约顾问，《财富与人生》杂志特约主编，《神州》杂志专题部主任，北京师范大学中国易学文化研究院书画研究中心秘书长，化学工业出版社"跟名家学画"系列丛书编委会主任等。

该书是作者研究琥珀之力作。书中将琥珀与蜜蜡放在一起加以甄别，对如何鉴别、挑选与保养琥珀的讲解，可谓生动新颖而又深入浅出，对于琥珀收藏家、爱好者以及琥珀文化研究者均有极大的帮助。

姚泽民工作室

2018 年 2 月

第一章 琥珀的历史渊源

还记得小学课本上有一篇名叫《琥珀》的课文，这篇课文的作者是德国科普作家柏吉尔，他用生动的故事讲述了琥珀的形成过程。

"一个夏天，太阳暖暖地照着，海在很远的地方翻腾怒吼，绿叶在树上飒飒地响。

一个小苍蝇展开柔嫩的绿翅膀，在太阳光里快乐地飞舞……

忽然有个蜘蛛慢慢地爬过来，想把那苍蝇当做一顿美餐。它小心地划动长长的腿，沿着树干向下爬，离小苍蝇越来越近了……

蜘蛛刚扑过去，突然发生了一件可怕的事情。一大滴松脂从树上滴下来，刚好落在树干上，把苍蝇和蜘蛛一齐包在里头。

小苍蝇不能掸翅膀了，蜘蛛也不再想什么美餐了。两只小虫都淹没在老松树的黄色泪珠里。它们前俯后仰地挣扎了一番，终于不动了。

松脂继续滴下来，盖住了原来的，最后积成一个松脂球，把两只小虫重重包裹在里面。

琥珀历经苦难才得以与人类相见

几十年，几百年，几千年，时间一转眼就过去了。成千上万绿翅膀的苍蝇和八只脚的蜘蛛来了又去了，谁也不会想到很久很久以前，有两只小虫被埋在一个松脂球里，挂在一棵老松树上。

后来，陆地渐渐沉下去，海水渐渐漫上来，逼近那古老的森林。有一天，水把森林淹没了。波浪不断地向树干冲刷，甚至把树连根拔起。树断绝了生机，慢慢地腐烂了，剩下的只有那些松脂球，淹没在泥沙下面。

又是几千年过去了，那些松脂球成了化石。

海风猛烈地吹，澎湃的波涛把海里的泥沙卷到岸边……

琥珀的温暖与亲和感，让各国人们留下许多使用琥珀的美好记忆

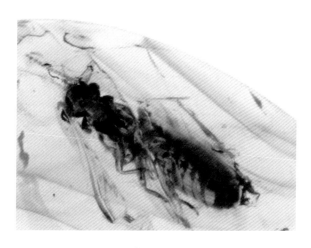

物以稀为贵，琥珀也不例外

在那块透明的琥珀里，两个小东西仍旧好好地躺着。我们可以看见它们身上的每一根毫毛。还可以想象它们当时在黏稠的松脂里怎样挣扎，因为它们的腿的四周显出好几圈黑色的圆环。从那块琥珀，我们可以推测发生在一万年前的故事的详细情形，并且可以知道，在远古时代，世界上就已经有苍蝇和蜘蛛了。"

无论古今，还是中外，琥珀一直都受到人们的追崇和喜爱。

琥珀鳞片

一、琥珀在西方的历史渊源

在英文里，琥珀被称为 Amber，这个词语来自拉丁文 Ambrum，意思是"精髓"。琥珀是中生代至新生代松柏科植物树脂，经地质石化作用而形成的有机混合物。

天然琥珀层与层之间会有细微的颜色区别

琥珀的价值会因内部棉絮的形状、位置不同而异

裂纹对价值的影响主要体现在大小、深度、位置和数量上

可见较多瑕疵的琥珀不受欢迎

琥珀自古以来就是欧洲贵族佩戴的饰品，也是欧洲文化的一部分。欧洲人对琥珀的迷恋如同中国人对玉石的偏爱，罗马尼亚人甚至把琥珀奉为国石，同样把琥珀奉为国石的国家还有德国。

脏点会极大地影响琥珀价值

有明显的裂纹和瑕疵会影响琥珀档次

有较大瑕疵和明显杂质的蜜蜡不受欢迎

古时候在欧洲，只有皇室才能拥有琥珀，琥珀被用来装点皇宫和议院，成为一种身份的象征。琥珀还被作为情人间的信物，就像今天的钻石被作为结婚的信物。人们把大颗的琥珀珠串成项链，作为结婚时必备的贵重珠宝和情人间互赠的信物。

体积大且稀少，又有特殊效应的琥珀是人间极品

体积大且纯净完美的琥珀也是凤毛麟角

自 13 世纪以来，琥珀开始大量用作装饰品，早期的装饰品主要是由一大块琥珀简单雕成，然后再镶嵌金银细丝和宝石，如化妆盒、眼镜框、高脚杯等。柏林、莫斯科等地的博物馆里都收藏有非常美丽的古代琥珀工艺品。

14 世纪初，开始出现了由琥珀雕刻的人物、动物和植物雕塑，到了中叶还出

工艺好、形体协调、色泽美丽的琥珀人见人爱

大件、色好、完美的蜜蜡稀少

现了涉及宗教的琥珀用品，比如圣母和圣徒人物雕像。到了 17 世纪，琥珀雕刻技术已经相当成熟，以大件、复杂的工艺品为主，主要供皇家使用。从 18 世纪末至 19 世纪中叶，琥珀开始大量地被用来制作宗教用品，比如伊斯兰念珠、佛珠等。琥珀运用在首饰上是从 20 世纪下半叶开始的，比较有特色的是琥珀镶银首饰，还有与铜制品搭配而成的首饰。

伊斯兰教徒使用的念珠

基督教徒常用的念珠

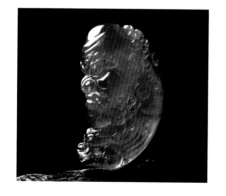

佛教中用琥珀制作的达摩像

佛教徒使用的 108 颗佛珠

二、琥珀在中国的历史渊源

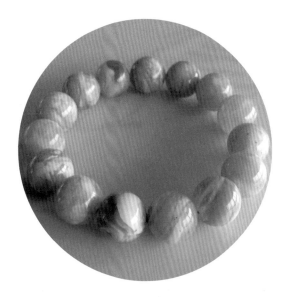

大块白色、黄泽，
光泽不佳的蜜蜡没有收藏价值

在中国古代，琥珀作为达官贵族的玩物和经常佩戴的装饰品，人们常用"外射晶光，内含生气"来赞美琥珀。人们之所以如此偏爱琥珀，是因为琥珀不仅具有很高的观赏价值，而且还具有极高的科学价值、医用价值以及宗教价值。

我国记载琥珀的典籍更是不胜枚举：

《南史》中记载了潘贵妃收藏的一件琥珀钏，是中国最早的琥珀收藏品。这件琥珀钏在当今的市价已达到 170 万元人民币的高价。

辽金时期，契丹族是一个从上到下崇尚琥珀的民族，琥珀充斥着他们的生活，契丹族人用琥珀来装点生活。1987 年发现的辽开泰七年（公元 1018 年）下葬的陈国公主与驸马的合葬墓，两人全身金碧辉煌，被 2102 件琥珀配饰所覆盖。晋朝张华的《博物志·卷四》中记载："《神仙传》云，松柏脂入地千年化为茯苓，茯苓化为琥珀。"这是我国最早对琥珀的成因有深刻认识的记载。

人工爆花

东晋郭璞所撰《玄中记》中也记载有："松脂沦入地中，千岁为茯苓……枫脂沦入地中，千秋为虎珀。"而南朝梁代陶弘景在《本草经集注》中也有记载："琥珀，旧说松脂沦入地千年所化。"

汉代的《西京杂记》中曾记载，汉成帝的皇后赵飞燕用琥珀枕头来摄取芳香。大诗人李白也写过"且留琥珀枕，或有梦来时"的诗句。

南宋初期周去非在《岭外代答·卷七·琥珀》中记载："人云茯苓在地千年，化为琥珀。钦人田家锄山，忽遇琥珀，初不知识，或告之曰：'此琥珀也，厥直颇厚。'其人持以往博易场，卖之交址，骤致大富。"根据这一史料记载，在南宋初期，琥珀已被当作"商品"用来交易，并可"骤致大富"。这也是琥珀投资价值的最早记载。

明代李时珍在《本草纲目》中则记载了琥珀的产地"今金齿、丽江亦有之"，说明琥珀在今云南腾冲一带有产出。

明末成书的《物理小识·卷七·金石类·珀类》中记载："韩保升曰，木脂皆化，而松枫为多，红如血者琥珀，出云南者上。金珀、密蜡、水珀则闽广舶来，久亦油坏。或云，近有药炼木脂蜂巢而埋土成者。辰珀色暗不香，则黔阳以青鱼鳔造者也。广中以油煮密蜡为金珀。吸莞草易，但验香耳。太西有黄石发光，谓之密蜡，则宝石也。"该史料对琥珀、蜜蜡的成因，也做了科学的描述，并首次记载了琥珀已有舶来品。清代谷应泰在《博物要览·卷八》中，对琥珀的产地、颜色、块体大小、成因、质量优劣和真假鉴别等做了极为详细、系统的描述，也说明我国先民到清代已对琥珀这个宝石有了全面的、科学的理解。

大件可见细小杂质的蜜蜡也很难得

压固琥珀易见到明显的分界线和流淌纹

根据以上史料的记载可知，在**魏**晋南北朝时期我国先民已经认识到琥珀是松柏科植物的树脂埋入地下经石化作用而成。到了唐代中叶，著名诗人韦应物写了一首《咏琥珀》的五言绝句："曾为老茯神，本是寒松液。蚊蚋落其中，千年犹可觌。"在这首诗中诗人生动而科学地描述了琥珀的成因，对保存在琥珀中的蚊蚋化石做了极为生动的描述，完全正确地解释了琥珀是由松树的汁液（松脂）石化而来的这一客观事实。这是我国先民对琥珀成因最为科学的记载。

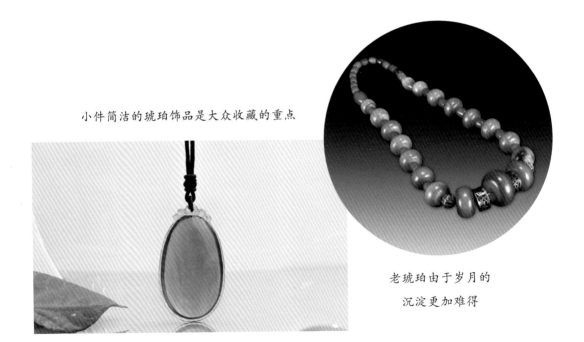

小件简洁的琥珀饰品是大众收藏的重点

老琥珀由于岁月的
沉淀更加难得

三、琥珀的医药价值

关于琥珀药用最早的记载要追溯到远古时期。最早的医学只使用能从自然中获得的成分：植物、动物和矿物质。瑞典保存的"Nicolaus Copernicus"原配方注明了有22种成分，其中就包括琥珀。阿尔波特大帝

西方人相信琥珀有神奇的魔力，可保友谊爱情地久天长

（1193—1280年，多米尼加人，哲学家），将琥珀排在六种最有疗效的药品中的第一位。

欧洲中世纪瘟疫流行时，人们用燃烧琥珀放出烟熏作为一种防治方法。根据Matthaus Praetorius（马特乌斯·普雷托里乌斯）的记载，"没有一个来自格但斯克，克莱佩达，哥尼斯堡或利耶帕亚的琥珀从业人死于瘟疫"。时至今日，琥珀仍在香熏疗法中被使用。多个世纪以来，琥珀被认为是一种杀毒的介质，因此人们将琥珀制成婴儿奶嘴、勺子、烟嘴和烟枪等器皿。人们还发现了17世纪由琥珀制成的茶叶罐。

俄罗斯人将琥珀酸当作一种重要的抗酒精药品，用它来减少人们对酒精的迷恋。

欧洲中世纪的医师将琥珀开在药方中用于治疗溃疡、偏头痛、失眠、食物中毒等疾病。人们认为佩戴琥珀制成的项链可以让病痛远离自己和孩子们，而孕妇佩戴琥珀项链

可安胎，有助于顺利生产。

在德国，小孩子在脖子上戴着琥珀项链，是为了让他们没有疼痛地长出坚固的健康的牙齿。而在 19 世纪的药书中，能找到许多关于琥珀治疗各种疾病的记载。

琥珀有着人类无法解释的能量

人类以现有的知识还未能完全了解琥珀，
它因而神秘

在古埃及法老王的木乃伊中，琥珀被作为防腐剂使用。

在中国，琥珀不仅被作为珠宝，而且是一味重要的中药，具有镇痛安神、化痰止咳、解毒利尿、活血化瘀的特殊功效。有关琥珀的理疗作用，据传唐代医学家孙思邈外出行医，途经河南西峡，遇一产妇暴死。在埋葬时，他见棺缝中渗出鲜血来，断定此人可救，便叫死者家属急忙取来琥珀粉灌服，又以红花烟熏死者鼻孔。片刻过后，死者复苏，众人皆称为"神医"。琥珀解毒之效，由此可见一斑。现在人们用琥珀制作成烟嘴和烟盒，用于消毒。

相传三国时期，东吴孙权的儿子孙和，不慎用刀误伤了心爱的邓夫人的面部，而且伤口很大，医生随即用琥珀粉末、朱砂和白獭的脊髓等中药配成外敷药物进行治疗。等

琥珀许多神奇的功效已得到科学的印证

琥珀从物质上和精神上均
能给人安神的力量

到邓夫人面部伤口愈合，不仅没有留下任何疤痕，而且面部皮肤越发白里透红、娇艳可爱。从此，琥珀被我国古代妇女视为保持肌肤嫩滑的美容良药。

四、琥珀的工业使用

琥珀除被广泛用于饰品外，还被用于许多领域，如利用琥珀提取香料；加工制成琥珀酸、漆料；在电子工业中用作绝缘材料，等等。

第二章　琥珀的产地和特征

琥珀是石化而成的树脂

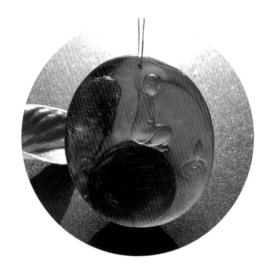

琥珀是透明的树脂化石

一、琥珀的产地和特征（图表）

琥珀的产地和特征

主要产地	石化时间	环境	产品特征	鉴别要点
英国怀特岛琥珀	1.3亿年前的中生代白垩纪	矿珀	主要的颜色是褐色，伴随着透明黄色旋涡的蜜蜡，含有很多植物碎片和黄铁矿晶体	生成时间早，硬度高，特别是含有黄铁矿晶体
黎巴嫩琥珀	1亿年前的中生代白垩纪	矿珀	主要是黄色，裂缝较多，琥珀易碎，产量很少	裂多易碎

主要产地	石化时间	环境	产品特征	鉴别要点
缅甸琥珀	距今有6000万～1.2亿年	矿珀	主要是暗橘或暗红色	琥珀颜色偏深，原石上常伴有方解石或黄铁矿
意大利西西里岛琥珀	距今有6000万～9000万年	矿珀	多为橘色或红色，但也会有绿色、蓝色和黑色，少见蜜蜡	含硫化物，燃烧时除松香味儿外，还有淡淡的硫黄味儿
中国辽宁抚顺琥珀	距今有3500万～5700万年	矿珀	大多是透明的，色彩丰富，光泽明亮柔和，质地细腻温润。主要颜色是橘色或红色；也有含有昆虫的琥珀，内含杂质较多	①原料具有独有的碳质物外皮；②产品具有特殊油性和光泽；③原料和产品具有独特的蓝白、蓝紫色荧光
波罗的海琥珀	距今有3000万～6000万年	海珀	多为柠檬黄色和橘色，含有琥珀酸，琥珀酸越多越不透明	①常含有橡树毛，这是波罗的海产区的特点；②常含有黑色的黄铁矿晶体粉；③内含昆虫的身体周围有层白色的包裹物，那是当昆虫被松脂粘住后，腐蚀时流出的液体与松脂发生反应产生的
多米尼加琥珀	距今有2500万～3000万年	矿珀	一般都是透明的，呈黄色或橘色，蓝色和绿色比较珍贵	蓝琥珀在白光下呈紫蓝色光彩；蓝琥珀含有芳香族的碳氢化合物

主要产地	石化时间	环境	产品特征	鉴别要点
墨西哥琥珀	距今有 2000 万~3000 万年	矿珀	颜色多见的有黄色和淡褐色，也有绿色、暗红、红色和蓝色	在自然光线下呈金色，在深色或者黑色背景下呈蓝绿色，在紫光灯下呈蓝色
马来西亚婆罗洲琥珀	距今有 2000 万年左右	矿珀	颜色通常为暗红，甚至于黑色，少见黄色；矿藏于煤层之中，比较结实，不易碎，所以很好打磨	原矿上常有煤层残留；摩擦有乌梅的味道

①通常，琥珀年代越久，颜色越深、硬度越大，越容易崩裂成小碎片；②通常，矿珀价值大于海珀，根据颜色排列其价值则是金珀＜血珀＜花珀（花珀以白色部分越多的价格越高）＜虫珀＜翳珀＜蓝珀，花珀和虫珀只有在矿珀当中才会有，而蓝珀则多数来自多米尼加共和国、墨西哥和缅甸。

越干净的琥珀价值越高

琥珀颜色以红黄暖色系为主

二、矿珀与海珀的区别

　　琥珀按发现地分为矿珀与海珀。琥珀形成以后，经历地壳升降迁移、冰川河流冲击的种种磨炼，有的露出地表，有的再埋入地下。露出地表的琥珀，有的被冲入海中成为海珀，再埋入地下的成为矿珀。矿珀又分为砂珀、砾珀、煤珀、坑珀。

海珀的主要产地是波罗的海

矿珀最主要产地是缅甸

矿珀和海珀的鉴别

（1）矿珀偏光镜下变色，海珀无任何变化。

（2）矿珀荧光灯下变色，海珀无任何变化。

（3）矿珀在阳光下变色，海珀没有任何变化。

（4）矿珀摩擦带电强烈，海珀无任何反应或反应程度极低。

（5）矿珀比海珀形成年代更长，硬度更大。

三、中国辽宁抚顺琥珀

抚顺琥珀出产于中国辽宁抚顺西露天煤矿，由新生代古近纪柏科树脂经沉积、聚合等一系列地质活动而形成。形成时间在 3500 万 ~ 5700 万年。抚顺琥珀是世界矿珀的重要产区，也是中国境内宝石级琥珀和昆虫琥珀的唯一产区。抚顺琥珀以色彩丰富、光泽明亮柔和、

抚顺琥珀常见有杂质黑点

质地细腻温润而闻名。但由于产于煤层中，琥珀常有杂质黑点。

1. 抚顺琥珀的分类

（1）水料（包括金珀、血珀、明珀、棕珀）；

（2）花料（包括象牙白花、黄花、黑花、水骨花、蜜蜡）；

（3）彩料（包括虫珀、植物珀、水胆珀、肖形珀）；

（4）黑料（包括翳珀、杂质珀、大黑珀）；

（5）伴生料（包括煤伴生珀、煤矸石伴生珀和线珀）。

2. 抚顺琥珀的地域特征

（1）原料具有独特的碳质物外皮。

抚顺琥珀存储于露天煤矿煤层的煤矸石中，因此，原料产出时外表包裹着薄薄的煤皮，这使得抚顺琥珀明显区别于其他任何产地的琥珀。

好工艺可以增加琥珀的价值

（2）具有特殊油性和光泽。

抚顺琥珀的矿体煤炭和油母页岩都具有较大的油性，因此其自身也有油性丰富的特点，这使得抚顺琥珀经过抛光后具有比其他琥珀更加明亮的特殊光泽。

（3）具有独特的蓝白、蓝紫色荧光。

抚顺琥珀在紫光灯下会呈现独特的蓝白、蓝紫色荧光。

四、波罗的海琥珀

波罗的海是全球最大的琥珀产地，也是有名的海珀产地，与矿珀产地不同，波罗的海的琥珀产自海底地层，在被海水长时间冲刷过后，一部分被冲到海岸上，有些则漂浮于海水中。距今有3000万～6000万年。

波罗的海出产的琥珀数

波罗的海琥珀大多质地洁净

量占全球总量的 80% 左右，这里的琥珀颜色以黄色或金黄色为主，主要有金珀、血珀、蜜蜡等。全球绝大多数蜜蜡产自波罗的海。

波罗的海琥珀的特征

（1）橡树细毛。

判断琥珀是否为波罗的海所产，可以观察琥珀内部是否含有橡树细毛，这种发丝状物质是来自橡树上的雄性花。这个特点是其他产地的琥珀所不具备的。

（2）琥珀分层。

树脂在凝固过程中有着时间上的差异，往往在琥珀表面有清楚的分层，波罗的海琥珀就有明显的分层，而且波罗的海琥珀的分层一般呈暖黄色或褐红色。

（3）鳞片。

大多数波罗的海琥珀存在着天然鳞片，这些鳞片使得波罗的海琥珀看起来金光闪闪、绚丽夺目，令人迷醉。虽然其他产地的琥珀也有鳞片的存在，但绝对没有波罗的海琥珀这般华丽动人。

（4）内含物。

波罗的海琥珀中常含有黑色的黄铁矿晶体粉。琥珀所含昆虫的身体周围会有层白色的包裹物。

五、多米尼加琥珀

多米尼加琥珀是由一种学名为 Hymenaea Protera 的角豆树的树脂产生的。形成于 2500 万 ~ 3000 万年前。

多米尼加琥珀中最为珍贵的是蓝珀。蓝珀产于加勒比海大安的列斯群岛中，是一种珍贵的琥珀。在紫光灯照射下，呈现明亮的蓝色荧光效果。天空蓝及蓝紫是多米尼加蓝珀特有的颜色。据推断，多米尼加蓝珀的蓝色光泽源于火山爆发，蓝珀会随着光线变幻，呈现出蓝、绿、黄、紫、褐五种以上的颜色。

蓝珀是多米尼加特有的品种，
变幻神秘，充满希望与憧憬

多米尼加蓝珀的特征

多米尼加蓝珀在灯光下的变色是其最大的特征。

（1）白底。

自然光或白光下与普通金珀类似，呈黄色；紫光下蓝珀的潜在蓝色更强烈。

（2）黑底。

自然光或白光下，蓝珀会呈现蓝色，而其他琥珀没有这种颜色。

六、缅甸琥珀

缅甸琥珀产自缅甸北部克钦邦胡康河谷，属于矿珀类。缅甸琥珀的时代为白垩纪中期森诺曼期，距今约 1 亿年。缅甸产出的琥珀种类较多，有金珀、血珀、棕红珀、根珀、翳珀、蓝珀等，其中血珀是缅甸最著名的琥珀品种。

红色系的琥珀称为血珀

缅甸琥珀的特征

（1）硬度高。

缅甸琥珀的硬度比其他产地的要高，在莫氏 3 度左右，是所有琥珀中硬度最高的一种。

（2）色彩独特。

缅甸琥珀可以说是所有琥珀中颜色最丰富的一种，几乎包含了浅黄、深黄、棕色、红色、褐色、黑色等所有的琥珀颜色。缅甸琥珀内含有大量的碳氢化合物，从而使得缅甸琥珀颜色以红褐色居多。

（3）荧光反应强烈。

缅甸琥珀具备色彩的变化，在阳光照射下，会出现蓝色或紫色等光彩变化。缅甸琥珀的荧光反应仅次于多米尼加和墨西哥产的蓝珀。

（4）纹路。

缅甸琥珀最具特点的就是它有生动的薄雾形状的流纹，类似于玛瑙纹。其他产地的琥珀无此特征。

七、墨西哥琥珀

墨西哥琥珀产自墨西哥东南部的恰帕斯州（西班牙语：Chiapas）。颜色多呈金黄飘蓝，也有浅咖色、酒瓶绿色及暗红色。墨西哥琥珀的形成距今2000万～3000万年，与多米尼加琥珀形成于同一个地质时期，且同属豆科植物树脂。

墨西哥琥珀的特征

（1）硬度。

墨西哥琥珀属于矿珀，硬度在莫氏3度左右，把它和波罗的海琥珀相互摩擦，波罗的海琥珀会有划痕。

（2）颜色。

墨西哥琥珀在自然光线下是金色的，在深色或者是黑色背景下是蓝绿色的，在紫光灯下是蓝色的。

（3）香味儿。

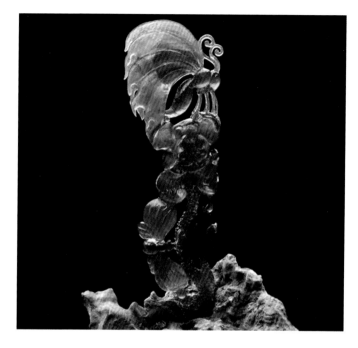

琥珀颜色因外部环境和生成植物种类不同而不同

墨西哥琥珀是豆科植物树脂形成的，摩擦时几乎没有香味儿。

（4）纯净度和荧光强度。

墨西哥琥珀的纯净度和荧光度是其他产地的琥珀不可比拟的，特别是墨西哥琥珀中的酒红色血珀最具特色。

八、意大利西西里岛琥珀

西西里岛琥珀形成的地质时代介于晚白垩世到古新世之间，距今有 6000 万～9000 万年。它的硬度在莫氏 2.5 度左右，其颜色一般以深红色为主，所含的琥珀酸非常少，有些甚至都不含有琥珀酸成分，透明度高，个体都不大。大部分的西西里岛琥珀都有着自己独特的荧光反应。除了红色琥珀外，西西里岛还出产绿色琥珀、蓝色琥珀，还有非常罕见的紫色琥珀。

琥珀的通透度与含有的琥珀酸成反比

九、罗马尼亚琥珀

罗马尼亚琥珀颜色丰富，颜色种类丰富，有深棕色、黄褐色、深绿色、深红色和黑色等，几乎都属于深色系，主要因为琥珀矿区含有大量的硫黄沉积物。这些硫化物对琥珀的颜色浓重起了很大的作用。此外，多数的罗马尼亚琥珀含有煤和黄铁矿，这也会加深琥珀的颜色。硬度略高于波罗的海琥珀。熔点在300～310℃。罗马尼亚琥珀因含有硫化物的成分，燃烧时会发出呛鼻的硫黄味儿。

罗马尼亚琥珀中以黑琥珀（dark amber）最为珍贵，其颜色近于赤黑，接近于不透明。而在较强的灯光照射下则呈现枣红色泽。黑琥珀也就是国人所称的翳珀。

罗马尼亚琥珀中以黑琥珀最为珍贵

十、日本琥珀

日本琥珀属于矿珀，产地以日本的久慈、磐城和铫子最为著名。

久慈琥珀形成于距今约8500万年的白垩纪晚期。久慈琥珀颜色

经过创作的日本琥珀

丰富，主要的颜色为橘红色和金黄色，同时也有一些不透明或半透明的带有旋涡状花纹的蜜蜡。久慈的琥珀以块儿大而著称，其中含有少量的昆虫，例如琥珀蚂蚁等。

磐城琥珀形成于距今约 8000 万年的白垩纪晚期，以棕红色和金黄色为主，也有一些不太透明的蜜蜡。

铫子琥珀距今 200 万 ~ 500 万年，产出的琥珀以金黄色为主。

十一、马来西亚琥珀

马来西亚琥珀，主要产自婆罗洲岛。婆罗洲琥珀矿藏于煤层之中，比较结实，不易碎，所以很好打磨。颜色通常为暗红，甚至于黑色，少见黄色块。这种琥珀有部分的黄色块还没完全石化，仍然是柯巴脂。它们的年龄在 2000 万年左右。

马来西亚琥珀在摩擦时有明

马来西亚琥珀颜色多为暗红和黑色

显的乌梅味儿。煤皮颜色为黑中带有灰白色，有些还带有褐色。

十二、黎巴嫩琥珀

黎巴嫩琥珀产地位于杰津区，形成于 1 亿年前的中生代白垩纪。主要是黄色，多裂易碎，往往有许多夹杂物。黎巴嫩琥珀中的虫珀具有很重要的研究意义。

琥珀常含有植物碎屑、小动物和气泡等

第三章　琥珀的品种

一、按产地划分

①波罗的海琥珀；②西西里琥珀；③中国琥珀；④中国抚顺琥珀；⑤罗马尼亚琥珀。

二、按发现地划分

①海珀；②矿珀。

三、按颜色、纹饰、密度划分

这是目前最被公众接受的一种划分方式。根据颜色、纹饰、密度的不同，琥珀主要可分为以下几种：

琥珀加工步骤

缅甸琥珀生成时间长硬度高

蜜蜡

过去的人们一直认为蜜蜡和琥珀是两种不同的东西，我国《系统宝石学》一书中把蜜蜡划归为琥珀的一个品种。蜜蜡是一种半透明或不透明的琥

蜜蜡含有较多琥珀酸而不通透

蜜蜡做的玫瑰经念珠

珀，有各种颜色，其中以金黄色、棕黄色、蛋黄色等黄色系最为普遍。有蜡状感，光泽以蜡状光泽、树脂光泽为主，也有玻璃光泽。有时呈现出玛瑙一样的花纹。蜜蜡内部含有大量的气泡，当光线照射时，其中的气泡将光线散射，呈现一种不透明的黄色。

蜜蜡和琥珀一样，戴久了在人体温度的影响下，琥珀酸会减少，从而慢慢变得透明。

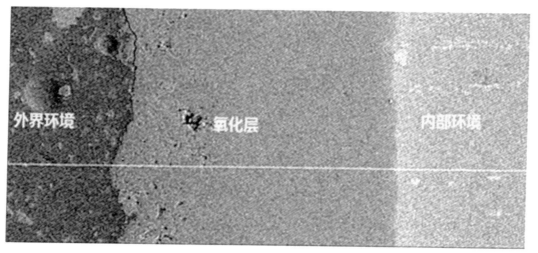

外界环境　　　　　氧化层　　　　　内部环境

血珀的红色是因氧化而形成的

血珀

　　天然血珀，顾名思义就是颜色似血的红色琥珀，也称红琥珀或红珀，红色透明、色红如血者为上品。

　　血珀的主要产地为缅甸。墨西哥琥珀在背光的情况下会呈现美丽深邃的红色，印度尼西亚琥

缅甸血珀

珀在背光的情况下，也会出现红色的光芒。波罗的海沿岸的纯天然琥珀从不呈现红色，但是随着时间的推移，在表面会形成一层红色的结痂层，当将结痂层去除后，琥珀的颜色又恢复了原本的浅色。

缅甸血珀深受市场欢迎

多米尼加血珀

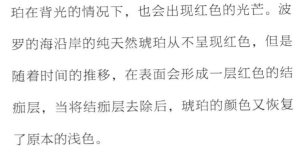

墨西哥血珀

抚顺血珀

波罗的海血珀

血珀饰品中，通明透亮、血丝均匀的血珀是天然血珀中的极品。真正通透的血珀十分罕见，并且个体也很小。大部分的天然血珀都是含有杂质的。

金珀

金珀也就是金黄色的透明琥珀，晶莹如水晶，透明是其最大的特点，其中以波兰金珀最为著名。明代谢肇淛《五杂俎》中写道："琥珀，血珀为上，金珀次之，蜡珀最下。"

金黄色的琥珀称为金珀

蓝珀

蓝珀极其罕见，价值极高，正常情况下，蓝珀看起来并不是蓝色的，而是棕色有点紫，在普通光线下转动，在角度适当时，它会呈现蓝色，当主光源位于其后方时，它的光线最蓝。

缅甸金蓝珀在自然光下呈金黄色

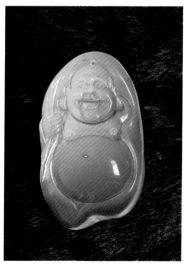

墨西哥蓝珀在紫外荧光下呈蓝绿色

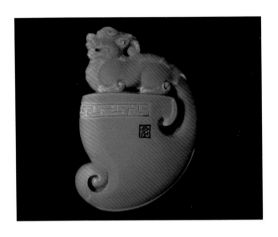

缅甸金蓝珀在黑色背景下呈暗蓝色的光

墨西哥蓝珀在灯光下的表现

墨西哥蓝珀在自然光下的表现

再变换角度时，蓝色又会消失。但也有极少数的蓝珀本身就是蓝色，另外，含杂质较多的蓝珀，其蓝色更为明显。

蓝珀产于中美洲的多米尼加。蓝珀是最为稀少且最有价值的琥珀，仅占琥珀总量的 0.2‰。有时与白色琥珀伴生。关于多米尼加蓝珀的起源与形成过程，学者们提出了诸多理论，一种观点认为是火山爆

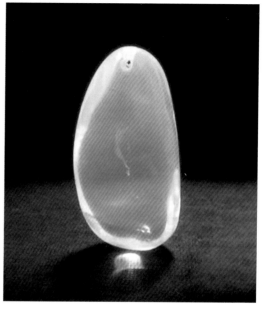

多米尼加蓝珀是珍贵的琥珀品种　　　　多米尼加蓝珀在紫外荧光下呈天空蓝

发时的高温使琥珀变软，并使附近的矿物融入其中，冷却后琥珀再次形成。另一种观点认为，多米尼加蓝珀的形成是由于松柏科树脂中含有碳氢化合物，这些碳氢化合物使得多米尼加琥珀有了与众不同的蓝色。同时，含有芳香族的碳氢化合物给多米尼加的蓝琥珀增添了一股芳香味儿。当对蓝琥珀进行加工和雕刻时，这股芳香味儿格外冲鼻，这也是蓝珀较其他品种琥珀独一无二的特征。

金绞蜜是蜜蜡和琥珀的结合体

香珀是一种带有香味儿的琥珀

金绞蜜

金绞蜜是指蜜蜡和琥珀的结合体，指透明部分和蜜蜡部分混在一起的琥珀，根据蜜蜡在其中的状态不同而命名。比如：一团蜜蜡被包裹在金珀的中间，就是金包蜜；蜜蜡与金珀绞缠在一起，就是金绞蜜；蜜蜡和金珀没有包在一起、也没绞在一起的状态称为金带蜜。其中金绞蜜数量最少，最为稀有。在金绞蜜中，金珀和白蜜相互绞缠是最常见的。

香珀

香珀是指带有香味儿的琥珀。香珀的颜色通常为白黄互相掺杂。用力摩擦香珀，它就会散发出清香，而普通的琥珀只有钻孔的时候才有香味儿。香珀之所以会香，是受形成琥珀的树种与地质环境等因素的影响。

香珀的产地为波罗的海沿岸，产量稀

少，绝大多数香珀是海珀。香珀中大部分是白颜色的蜜蜡，即白蜜蜡，小部分为黄颜色。

灵珀

灵珀是虫珀与植物珀的总称。虫珀是指琥珀内包含着远古时代的昆虫遗体或生物遗体；植物珀是指琥珀内包含着远古时代的植物。

含有虫或植物的琥珀称为灵珀

琥珀是世界上唯一完整清晰保存几千万年甚至亿万年前生物遗体或古植物的宝石，所以人们视琥珀为拥有神秘生命能量的灵物，故称灵珀。

"琥珀藏蜂""琥珀藏纹""琥珀藏蝇"等是收藏琥珀的人最熟悉的几个词，说的就是虫珀。虫珀中出现最多的昆虫是蚊蚋，其次是蚂蚁、蜘蛛、伪蝎、蚜虫、蟋蟀等，甚至小螃蟹、小青蛙有时也会出现在琥珀中。植物珀的内含物大多是蕨类植物。

抚顺虫珀中的昆虫是特殊的亚热带昆虫

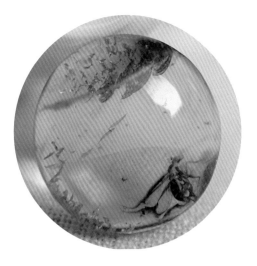

波罗的海虫珀多为常见昆虫，无研究价值

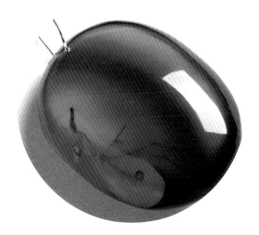

缅甸虫珀形成年代最久远

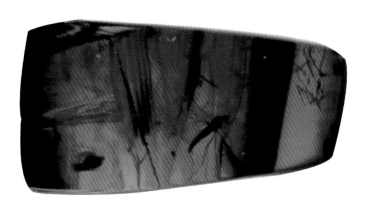

黎巴嫩的虫珀具有重要研究意义

石珀

石珀是指有着高石化程度的琥珀，大多数石珀生长于石缝之间，在漫漫的岁月之中，石珀具备了极高的石化程度，是琥珀中硬度最高的。石珀因其形成环境特殊，数量比较稀少。石珀色泽自然，有明显树液流动的痕迹，可做雕件或摆件。石珀主要产地是缅甸和波罗的海。

绿珀

绿珀是指绿色的琥珀。绿珀的形成与火山运动和重大的森林火灾有关，火山爆发或森林大火使得埋藏在地表底下的琥珀被熔化，周边的石油和其他矿物质在火山喷发所带来的高温高压下也会熔解并灌入到液态的琥珀中。火山运动过后，树脂将再次石化，便形成绿珀。绿珀从产量上而言，比蓝珀还少。

绿珀是产量最少的琥珀品种

西西里岛产的绿色琥珀

水珀

是指内含水滴的琥珀，也叫水胆琥珀。

水胆琥珀

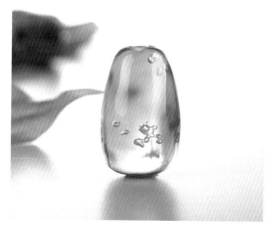

洁净又水滴明显的天然琥珀也极为少见

水胆琥珀因少而独特

明珀

明珀是指颜色极其淡雅，清澈透明的琥珀。比常见的金珀颜色更浅，接近无色透明。

蜡珀

蜡珀指蜡黄色琥珀，具有蜡状感，因含有大量气泡，故透明度较差，相对密度也较低。

翳珀

翳珀是琥珀中最为珍贵的一种，中国古代视之为黑色美玉。据《天工开物》记载："琥珀最贵者名曰翳，红而微带黑，然昼见则黑，灯光下则红甚也。"上等翳珀的主要产地是缅甸。

白琥珀

白琥珀是指白色的琥珀，在琥珀中白色也是很稀少的颜色，占 1% ~ 2%。这种琥珀最主要的特征就是纹路天然多变，也被称为"皇家琥珀"或"骨珀"。它可以与多种颜色伴生，如黄色、黑色、绿色等，形成美丽的图案。这种琥珀每立方毫米含的气泡数可以达到 100 万个，气泡直径在 0.0008 ~ 0.001mm，由于对光的散射，从而使琥珀变成白色。

根珀

根珀主要产于缅甸，属于石珀的一种，呈灰黄色、褐黄色，含少量方解石。比其他的琥珀密度高，在饱和盐水中会下沉。外观特征有不规则流纹，表面具有深棕色交杂白色的斑驳纹理（也有乳黄与棕黄交错的颜色），经过抛光会呈现大理石般的美丽纹理，十分适合做巧雕。

红松脂

淡红色、性脆，半透明且混浊。

根珀因含有方解石的成分而呈现大理石般的美丽纹理

第四章　琥珀的鉴别

由于天然宝石属于不可再生资源，琥珀就是这样一种十分珍稀的宝石，非常具有收藏价值。但是由于大量不良商家绞尽脑汁运用现代科技手段对次品琥珀、碎粒琥珀甚至其他材料动一些手脚，用来冒充天然琥珀，琥珀及琥珀优化处理的鉴别一直都是

独一无二的生长环境造成琥珀的个性化审美

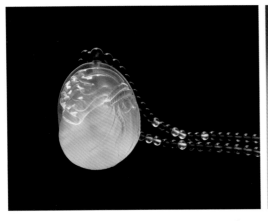

纯天然琥珀经得起时间的考验

老琥珀有岁月留下的痕迹，别有韵味

鉴别难题。尤其是近年来，琥珀的处理技术有了很大的改进，越来越多新的优化处理技术和仿制新品种的出现，给鉴别带来了很大的挑战，过去简单地运用"比重法"等单一手段就能鉴定琥珀，如今已不再科学，而必须采用多种手段才能准确鉴别。

琥珀颜色的改变幻化出梦境般的意念，温暖且宁静

傅里叶变换红外光谱仪是常用的琥珀鉴定工具

因此，琥珀的鉴定就应包括三个方面：①琥珀真假鉴别；②琥珀与仿品的鉴别；③琥珀的优化处理。

纯净给人清爽可爱舒适的感觉

一、琥珀真假鉴别

琥珀是史前松树脂的化石，形成于4000万～6000万年前，琥珀的主要成分是碳、氢、氧以及少量的硫，莫氏硬度2～3，比重1.05～1.10 g/cm³，熔点150～180℃，

琥珀内含物呈现不同美感，别具特色

燃点 250～375℃。没有两块完全相同的琥珀。用科学仪器可鉴定出琥珀成分及结构，对琥珀一般根据其比重和硬度，此外，琥珀的折射率也十分特殊。其具体鉴别方法如下：

1. 比重法

天然的琥珀质地很轻，在 1:4 的盐水里(1份盐，4份水)，真品上浮，赝品会下沉。具体测试方法是把鉴别材料放到饱和盐的溶液中，琥珀在盐水中会浮起来，而大多数材料将沉下去。通常这种测试方法足以将琥珀与电木和其他许多塑料特质区分开。例如：以贝克来(Bakelite，或称电木)、赛璐珞，甚至

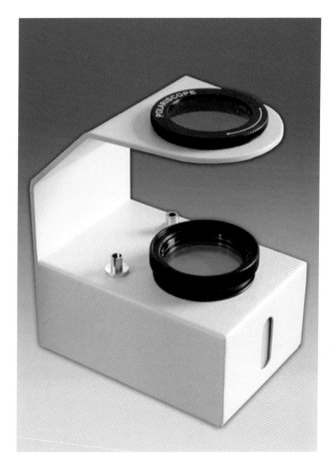

偏光镜可用于辅助鉴别琥珀真假

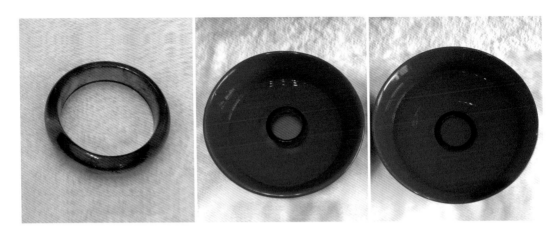

天然琥珀浮于饱和盐水中

压克力等材料人工合成的仿冒琥珀，由于它们的比重太大，于饱和食盐水中都会下沉。

透明琥珀的比重较大，不透明琥珀（例如骨珀，Bone Amber）的比重较小，带虫的琥珀比重更小。对于已经镶嵌而成的琥珀作品不适合用比重法来鉴别。

2. 针烧加热测试法

把一根细针加热至红，烫在琥珀的表皮，然后趁热拉出，若产生黑色的烟并带有一股松香气味的就是真琥珀；若是冒白烟并产生塑胶臭味的即塑胶合成的赝品。另外，在

美感有时是一见钟情的感觉

老蜜蜡特有的风化沧桑感是无法作假的

欧洲等地的老蜜蜡

拉出针时，会"拉丝"出来的是假琥珀，真品则不会。将小碎片缓缓加热时，电木放出强烈的电碳酸气味，赛璐珞发出樟脑气味。

3. 乙醚测试法

在隐蔽的位置滴一小滴乙醚，停留几分钟。如果琥珀被乙醚所腐蚀，那么乙醚挥发后，就会在其表面留下一个斑点。由于乙醚挥发十分快，有时必须用一大滴乙醚，或不时地补滴。用琥珀粉高温压制的再生琥珀虽然外观很接近天然琥珀，但是如果抹上一点乙醚，几分钟后就会有发黏被溶解的感觉。苯乙烯树脂和贝壳松脂在乙醚中浸泡 2 ~ 5 分钟后，就会发生膨胀和软化。也可利用指甲油的去光水测试其表面，琥珀不会有任何反应，而柯巴树脂则会腐蚀。

4. 声音测试法

将无镶嵌的琥珀珠子放在手中轻轻揉动，会发出很柔和略带沉闷的声响，如果塑料或树脂的声音则比较清脆。

天然琥珀内的气泡没规则

5. 折射率测试法

由于琥珀是一种非晶质物质，所以是各向同性的，无解理、无多色性、也无双折射，琥珀的折射率一般接近 1.54，可低至 1.539，高至 1.545。而一般电木的折射率为 1.60 左右，所以折射率也是有用的区分指标。

6. 气泡测试法

因琥珀属天然化石，容易脆化，所以珠宝业界允许对它

通透的琥珀让人遐想，令人安详

经过一些加工处理，使其不易脆化，在这一过程中琥珀内部的天然气泡会因温度变化发生变化，如膨胀或爆裂，所以会形成不同形状的内部花纹，俗称结晶花。这样形成的结晶花通常呈不规则状，而其内含的气泡通常呈规律圆形。而再生琥珀是将天然的琥珀碎粒磨成粉末后，加上一些塑料原料重新加温后合成，通常会添加亚麻仁油调色，然后以

香珀带来亿万年前的味道，让人在神秘中回味无穷

高压压成一大块琥珀。在这一过程中常会混入气泡，但气泡通常会被压扁，而成长条形。

7. 摩擦测试法

琥珀在摩擦时有一点很淡的松香味儿，燃烧时会散发出很浓的松香味儿。有一种名为聚苯乙烯的塑料制成的仿冒琥珀，它的比重与折射率和真琥珀相当接近，利用比重法和折射率法无法测出真伪，但它摩擦时没有松香味，燃烧时有一种人工合成物的臭味儿。

8. 观察测试法

真琥珀的质地、颜色深浅、透明度、折光率等会随着观察角度和照度的变化而变化。这种感觉是任何其他物质所没有的。琥珀透明但很温润，不像玻璃、水晶、钻石那样无遮拦地具有通透性。假琥珀要么很透明要么不透明，颜色发死、发假。另因人工制作时

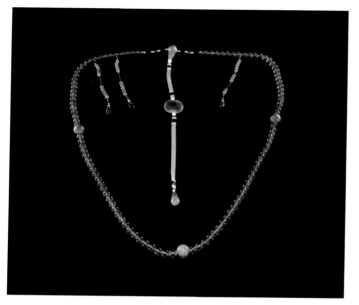

琥珀因记载着人类活动的信息而更加引人思念

高温加热，会严重破坏琥珀的天然结构，产生许多爆裂的结晶花，散发出一种死气沉沉的冷光。

经过把玩的琥珀散发着一种迷人的魅力

质地细腻、光泽透亮的琥珀充满珠光宝气

9. 放大镜观察法

（1）观察琥珀花。

放大观察琥珀花，如果是真琥珀所产生的琥珀花，形状是向外展开的不规则线条，假的琥珀花则只是扁平片状的内含物。

（2）观察鳞片。

琥珀中一般会有漂亮的荷叶状鳞片，角度不同形状不同，遮光度也不一样。假琥珀一般透明度不高，鳞片发出死光，不同角度观察景象都差不多，缺少琥珀的灵气。

（3）观察珠孔。

琥珀珠孔很难保证全部一样，特别是珠串，仔细检查容易发现打洞时崩掉的小口，有时还会有残留的琥珀粉。而仿制品的孔洞几乎完全一样。

天然琥珀珠孔不完全一样

（4）观察云雾。

天然琥珀是树脂不断地流出沉淀形成的，

会有分层的云雾纹路存在，纹路很自然。树脂凝固的时间不同，层与层之间会有细微的颜色区别。仿制琥珀的云雾纹路是倒入模具中形成的，有单一性和规则性，有的甚至是特意搅动产生的波纹。

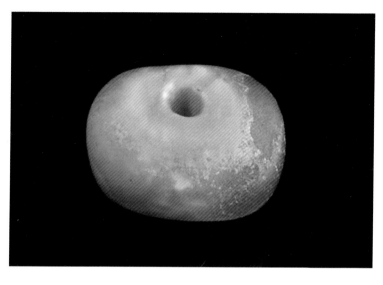

西藏传世的老蜜蜡以深浅不一的黄色为主

（5）观察气泡。

天然琥珀由于凝固时间长，大些重些的雨点就会在琥珀表面留下"痘痕"，气泡多为圆形，大小不一。而仿品则很难做到，即使是压制琥珀中的气泡也多为长扁形。

（6）观察内含物。

天然琥珀的包裹物有着一定的特点，就是那些被粘在琥珀中的灰尘、草木屑和其他外来物是不规则地散布于琥珀之中，若是生物，则会有粘住后的挣扎迹象，少有完整者。仿真琥珀的包裹物则多是有规律地层层分布，内含生物多是完整呈现。大部分的内含物都是先被一层树脂黏附，再被新滴下来的树脂覆盖，两路不同的树脂之间就会形成一个自然的分界面，而内含物，特别是飞虫类的，就往往处在这个分界面上，例如，虫珀的内含物一般都存在于树脂分界面上。

含有完整动物且相对干净的琥珀极少

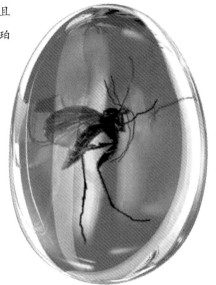

含有动物和植物的琥珀较少

内含清晰可见的动植物是琥珀的特色，珍贵且唯一

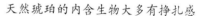

天然琥珀的内含生物大多有挣扎感

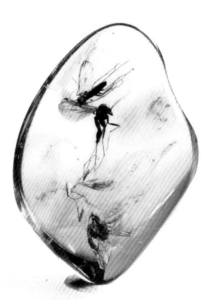

保存完整的植物也很稀有

二、琥珀与仿品的鉴别

琥珀的主要仿制品有柯巴树脂、电木、塑料和玻璃仿琥珀，压制琥珀，天然树脂仿品等。主要是根据琥珀的低密度、低硬度、易软化等特性来鉴别。

假的内含物比较完整，体块较大，无挣扎感

1. 柯巴树脂与琥珀的鉴别

柯巴树脂是一种现代的天然树脂，形成时间通常低于300万年，没有经过几千万年的地层压力和地热作用，不能称为琥珀。

主要产地有马达加斯加岛、

柯巴树脂

新西兰、马来西亚等地。虽然柯巴树脂的外观与琥珀差别不大，但是柯巴树脂由于石化程度极低，质地较软，所以并不适合加工成成品。通常大块的或含有昆虫遗体的柯巴树脂会被拿来冒充大块琥珀或虫珀出售。主要辨别方法如下：

①柯巴树脂的质地较软，因而不容易抛光，成品表面不是很光滑；②柯巴树脂的内含物一般都是白色的，这是因为柯巴树脂石化程度极低所造成的；③柯巴树脂造假的植物珀没有真实植物珀特有的橡树毛，主要是因为年代较短，颜色一般很浅；④将酒精或乙醚等有机溶液蘸在棉签上擦拭柯巴树脂表面，柯巴树脂会被腐蚀而变得发黏，表面也会失去光泽。

2. 塑料与琥珀的鉴别

塑料类主要有酚醛树脂、酪蛋白塑料、安全赛璐珞、氨基塑料、有机玻璃、聚苯乙烯等材料。早期的塑料有明显的流动构造。近期

设计与工艺赋予琥珀新的灵魂

的塑料从颜色到太阳花都能仿制得
与琥珀极为相似。主要鉴别方法
如下：

①塑料的折射率和比重与琥
珀不同。塑料的折射率在 1.50 ～
1.66，但很少与琥珀的 1.54 接
近；比重不同可通过饱和盐水测

酚醛树脂

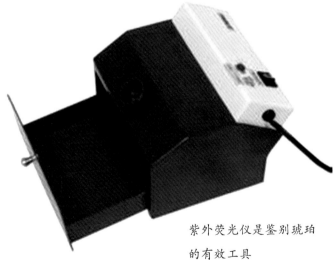

紫外荧光仪是鉴别琥珀
的有效工具

试，只有聚苯乙烯和琥珀
的比重相近，在饱和盐
水中会悬浮，大部分塑
料在饱和盐水中都下沉。
②用小刀在不显眼的地
方切割时，塑料会成片

剥落，琥珀则产生小缺口。③用热针试验，塑料会有各种异味儿，琥珀会产生松香味儿。燃烧时，塑料会更易熔化。

3. 玻璃、玉髓与琥珀的鉴别

①密度。玻璃、玉髓的比重分别为 $2.4g/cm^3$ 和 $2.6g/cm^3$，而琥珀的比重只有 $1.06g/cm^3$，用手掂明显感觉重，很容易区分。②硬度。玉髓是一种隐晶质的石英质玉石，成分为二氧化硅，莫氏硬度为 6～7，最有名的有黄龙玉和中国台湾的蓝玉髓。玻璃、玉髓的硬度都比琥珀的硬度大，用

玻璃仿琥珀的鼻烟壶

小刀在饰品背部轻轻刻画，琥珀很容易被划动，并留下划痕；玻璃、玉髓则无任何痕迹。③光泽。玻璃、玉髓、琥珀的光泽不同，玻璃、玉髓为玻璃光泽，琥珀为树脂光泽。

4. 松香与琥珀的鉴别

松香是一种未经地质作用的树脂，淡黄色，不透明，树脂光泽，硬度低，密度与琥珀接近，用手可捏成粉末，而琥珀用手则捏不动。表面有许多油滴状气泡，短波紫外线下出现较强的黄绿色荧光。琥珀一般都经过加热，内部很少有气泡，多为太阳花，只有蜜蜡有气泡，且是密密麻麻而又成群的小气泡。

5. 硬树脂与琥珀的鉴别

硬树脂是一种地质年代很新的半石化树脂，成分与琥珀类似，但不含琥珀酸。硬树脂中也有可能包裹天然的或人为置入的动植物。硬树脂的物理性质与琥珀相似，只是更易受化学腐蚀。检验时，可将乙醚滴在其表面，并用手揉搓，硬树脂会软化并发黏，琥珀则无此现象。在短波紫外灯下，硬树脂会有强白色荧光。加热针接触硬树脂更容易熔化。

6. 染色琥珀与琥珀的鉴别

鉴别染色饰品的唯一方法就是用放大镜观察，看颜色在裂隙中是否加重或堆积。如

果在饰品的裂隙或凹坑中有颜色聚集的现象，则说明是染色的琥珀。

染色琥珀颜色无根，不自然

粉压的琥珀再美也不具备收藏价值

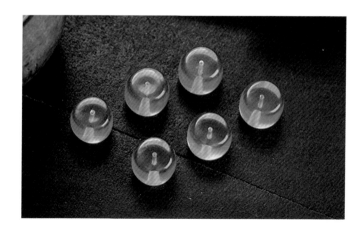

三、琥珀的优化处理

目前，由于市场上中低档琥珀需求量很大，特别是一些流行饰品的用量加大，而天然琥珀价格昂贵或质量不佳，为了提高琥珀的质量或欣赏价值，常对琥珀进行优化处理。目前琥珀优化处理主要有九种方式：热处理、烤色处理、压清处理、再造琥珀、压固琥珀、人工爆花、覆膜处理、染色处理、充填处理。

1. 热处理

琥珀加热优化的目的在于增加琥珀的透明度，净化琥珀，隐藏琥珀的内在瑕疵，改变琥珀的颜色，使琥珀颜色均匀或达到某种视觉效果，产生"太阳花"等。鉴别琥珀热处理的主要方法：

①处理会改变琥珀的颜色和透明度，使其颜色加深、变红、变暗；透明度自外而内从不透明逐步转变为透明。天然琥珀则没有

热处理可以增加琥珀透明度

这么明显的变化。②热处理后的琥珀内部会产生金色和红色的"盘状裂隙"，俗称"太阳光芒"包裹体。③热处理后的琥珀表面会有汽化纹和龟裂纹，内部会呈现红色流纹和氧化裂纹。④热处理后的琥珀折射率会随着加热时间的增加和氧化程度的升高而变大。若琥珀的折射率高于 1.54，是经过热处理的指示性证据。⑤热处理会减弱琥珀的荧光强度。琥珀荧光强度的降低或湮灭，同时伴随着白垩化土黄色荧光的转变是热处理的重要佐证。

烤色处理使得琥珀颜色变深

2. 烤色处理

琥珀烤色是模拟大自然中的自然氧化过程，即在特定的温压条件下，琥珀表面的有机成分经过氧化作用产生红色系列的氧化薄层，使琥珀的颜色得以改善，同样属于对琥珀的优化处理。

烤色过程是在密封的压力炉中进行，其工艺流程与净化基本一致，唯一不同的是压力炉内的

烤色琥珀不自然，有烧焦感

气体成分发生了改变，为了有利于氧化反应的发生，在惰性气体中加入少量氧气是十分必要的。通常情况下，加热时间越长，氧气含量越高，琥珀的颜色就越深。琥珀烤色优化的鉴别主要有：

①经过烤色的琥珀颜色均衡统一，没有色根，颜色不自然，有的会有烧焦感。②烤色后的琥珀在紫光下是没有荧光反应或者弱荧光反应的。③有些烤色琥珀可以从孔道两端看到明显的色差。

3. 压清处理

压清优化是指通过控制压炉的温度和压力，在惰性气氛环境下，用以去除琥珀中的气泡和小裂隙，提高其透明度的方法。主要用在金珀和蜜蜡产品上。琥珀压清优化的鉴别：

①压清处理后的金珀和蜜蜡分界线非常清晰，内部的蜜蜡被强行团聚在一起，失去了流动的灵气，呈现出一种呆板的感觉。②压清琥珀要经过加温的程序，在这一过程当

中，琥珀当中的琥珀酸会大量流失，最终导致琥珀的金珀部分颜色变得浅淡，且澄净得毫无杂质。肉眼可见颜色淡很多。③天然金珀在紫外线下，发偏绿色荧光，压清金珀后荧光色发蓝，这是压清使得金珀内的琥珀酸减少所致。

压清处理使琥珀酸减少，颜色变淡

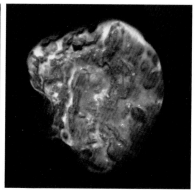

蜜蜡在荧光下表现不明显

4. 再造琥珀

由于有些天然的小块琥珀无法加工成饰品，为了使它们得到充分利用，在一定的温度和压力下，将这些小块琥珀烧结而成较大块的琥珀，称为再造琥珀，亦称压制琥珀。为了保证琥珀的纯度和高透明度，要先将琥珀提纯，在压制过程中还可添加其他的有机物，如燃料、香精等。这个过程一般在高压炉里进行，用高压炉进行优化处理的方法做

工艺把人的思想注入琥珀，使得琥珀作品更加生动丰富

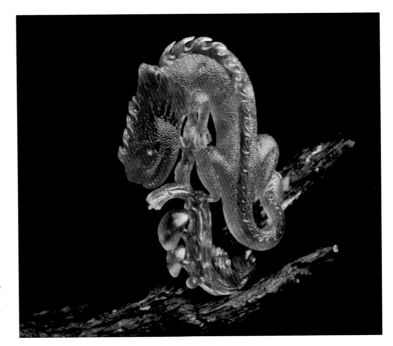

到了一些过去做不到的
事情，例如使两块天然
琥珀达到完全无痕的
结合。

压制琥珀由琥珀碎屑经过加热、加压固结而成

5. 压固琥珀

琥珀的压固优化是
指在加工前为了让琥珀
更加牢固便于雕刻，对
琥珀进行加温、加压处理，使得由于树脂的凝固时间不同而形成的分层界面之间得到重
新的熔结而变得牢固的过程。压固琥珀是对天然的分层琥珀进行加温加压处理。在放大
镜下观察，压固琥珀的融合部位成斑块状，有明显的分界线和流淌纹。

6. 人工爆花

对琥珀进行人工爆花是为了得到带有漂亮花片的花珀。对含有气泡的琥珀进行加热，
或放置在设定好的压力炉中高温烘焙，通过打破琥珀内气泡的内外压力平衡，而使其内
压大于外压，导致气泡膨胀、炸裂，产生盘状裂隙，即所谓的"太阳花"。 市面上出现

人工琥珀爆花工艺产生的太阳花很不自然，量少且色艳

最多的是金花珀和红花珀。鉴别人工爆花琥珀主要是通过以下几点：

①人工的爆花会出现鲜艳的色泽，鲜红色极不自然；天然的爆花虽然也有可能会因为接触到外部而氧化变红，但会更有层次感、更自然。②人工的爆花一般比较密集，整块琥珀处处都有爆花出现，并且形状完整，方向一致；天然的爆花很难在小范围内出现大量形状规则完整的爆花。③天然的爆花一般体积不会太大，在自然环境当中形成的爆花多数体积较小，少有大而完整的爆花，完整的天然爆花一般呈椭圆的睡莲叶形状；人工的爆花则呈现出所谓太阳光芒一般的形态。④天然的爆花在阳光下，在一个特定的角度会反射出七彩光芒，而人工爆花则不会有那样的异彩。

血珀手镯取料不易，更显珍贵

覆膜处理增强琥珀的光泽

7．覆膜处理

覆膜处理就是在琥珀的表面覆上一层膜而让琥珀表面变得更有光泽的一种优化处理方法。主要有两种：一种是在琥珀底部覆上有色膜，为了提高浅色琥珀中"太阳花"的立体感；另一种是在琥珀表面喷涂一层亮光漆，以冒充红色深浅不同的血珀、金珀等。

8．染色处理

染色多数是染成红色以仿制老化的琥珀，也有染成绿色或其他颜色的。染色属于优化处理，染色处理的琥珀价格远远低于未经染色的天然琥珀。

优质血珀通透、干净、红色深浅适中、均匀

阿富汗等地的老蜜蜡多为红色和深红色

印度等地的老蜜蜡也易变红

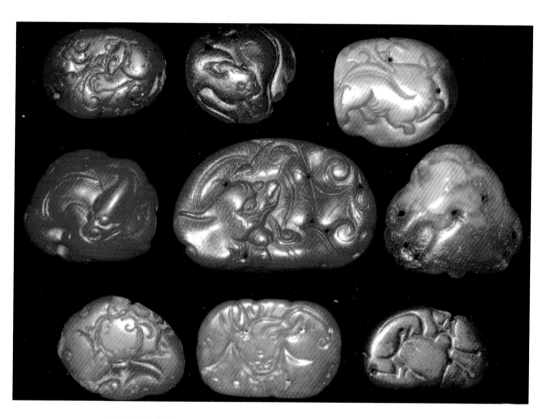

明清老蜜蜡作为饰物是中国特有的现象，现大多已变成深红色

9. 充填处理

充填处理是指在琥珀的裂隙或坑洞中充填树脂。其特征是在充填的地方有明显的下凹。

填充琥珀的目的是美化外观

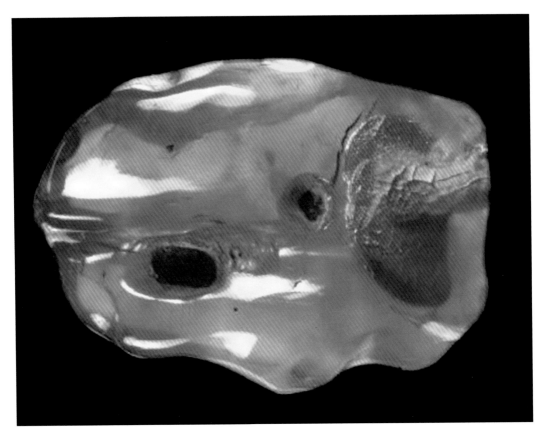

第五章　琥珀的挑选

什么样的琥珀是好的？如何能买到自己满意的琥珀呢？这是大家比较关心的问题。琥珀应从颜色、块度、透明度、内部包裹物、净度、光泽等方面来评价。琥珀以颜色浓正、无杂质、无裂纹者为佳。琥珀一般要达到一定块度，块度越大越好。琥珀的透明度越高越好。琥珀真正的瑕疵有裂痕、坑洞、杂质。由于琥珀的硬度比较低，在莫氏 2 ~ 2.5 度之间，所以即使是刚抛光好的琥珀，在和某些物品接触后也会有很细微的痕迹，一般在强光下近距离观察会比较明显，这是正常的现象，不算瑕疵。

琥珀颜色以绿色和透明红色为最好。金珀是珍贵优质的琥珀。蓝珀稀少，为珍品。蜜蜡通常比一般的琥珀价值高。最珍贵的品种是包裹昆虫的琥珀，俗称虫珀，虫珀依昆

绿珀神秘幽深激发人的灵感

金珀通透清澈如为人磊落正直

明珀清雅如天性率真的女生

蓝珀变幻莫测若情感丰富的人生

虫的清晰程度、形状大小、颜色等决定其

经济价值和收藏价值。

琥珀的挑选分为原料和成品的挑选。

血珀色彩浓艳凝重使人安静

一、琥珀原料的挑选

琥珀原料的选购，对于没有经验的人而言是一件相对较难的工作，需要谨慎比对再做决定。挑选琥珀原料，主要注意以下几点：①真假；②质地；③净度；④绺裂；⑤重量；⑥颜色；⑦出品率。

不同文化和群体对琥珀的喜爱各不一样

琥珀原料的挑选重点——看皮子、颜色、质地、绺裂与大小

二、琥珀成品的挑选

琥珀成品的选购，主要遵循以下几个原则：①真伪；②内含物；③质地；④重量；⑤颜色；⑥设计与工艺。

禅味服饰配琥珀珠串，韵味足，显个性

佩戴适合的耳坠可以提升人的气质

花珀个性张扬，引人注目

蜜蜡让人平静祥和，充满力量

琥珀成品的挑选从理性入手，最终以感情决定，不喜欢的琥珀再稀少也没意义

淡色蜜蜡做成的手链适合年轻情侣佩戴

1. 琥珀手串和手镯的挑选

　　主要看珠子大小和多少是否适合自己的手和胳膊，再看珠子的孔道是否在中间、珠串的绳子质量如何和绳结是否系得好。手镯的选购主要看圈口的大小，一般以套用一个塑料袋轻松戴上为好，不能太紧或太松。

男生适合佩戴粗点的琥珀手珠

访亲会友佩戴会增显气质

女生适合佩戴细长的琥珀珠链

家居休闲适合佩戴舒适的琥珀

2. 琥珀项链挑选

选购琥珀项链要选择自己喜欢的颜色，晶莹剔透，珠粒越大越好，瑕疵越少越好。质量好的琥珀无裂纹、无杂质。当然也可以选择不透明的蜜蜡，带有花纹的蜜蜡比较漂亮。

年轻人聚会，可以佩戴彰显个性的琥珀饰品

上班族佩戴琥珀以简单为佳

休闲轻松的服饰适合搭配琥珀

西方年轻女性佩戴琥珀追求与众不同，张扬个性

3. 琥珀摆件挑选

琥珀摆件主要用来欣赏，一般放在桌子上或陈列柜里。一件构思巧妙、工艺精湛、用料上乘的工艺品，放在居室或厅堂可达到满堂生辉的效果。琥珀摆件用料大又好，艺术价值非常高。琥珀摆件的设计需根据琥珀的大小、形状、颜色来选择雕刻的题材和造型，题材主要有人物、寿星、佛、观音、动物，也有屏风、书架等表面的百宝嵌。

4. 琥珀戒指挑选

戒指是一种常见而又重要的饰品，它比其他任何饰品都更受欢迎。主要有两个方面的原因：一是戒指总是处在人们的视线中，随着手的移动而不停展示；二是戒指比其他饰品更能体现个性。手指修长的人应选择方形或橄榄形戒指，这样能使手更秀美。手指粗短的人应该选重量适中、大小合适的椭圆形或马眼形戒指，不要选择过大和做工复杂的戒指。购买时应注意戒指圈口的大小，以不易脱落为好，但也不能太小，太小的话不仅不舒服而且长期佩戴容易导致血液不畅，影响健康。

白嫩细长的手佩戴特色的琥珀戒指很显眼

参加派对适合佩戴简单大方、有特色的稀有琥珀

配套搭配更显雅致大方

另外还要从外观、形状、加工或工艺质量方面严格把关。看看戒面和戒托是否松动，周围的配石镶嵌是否牢固，贵金属托是否光滑，有无"砂眼"，金属爪是否挂钩衣物，等等。

手指细长适合佩戴琥珀戒指

第六章 琥珀的保养

保养是琥珀收藏的难题，正确保养不但能延长琥珀的寿命，还能为琥珀添加独特的魅力。琥珀硬度低，怕摔砸和磕碰，应该单独存放，不要与钻石和其他尖锐或硬的首饰放在一起。琥珀首饰害怕高温，不可长时间置于阳光下或是暖炉边。琥珀尽量不要与酒精、汽油、煤油和含有酒精的指甲油、香水、发胶、杀虫剂等有机溶液接触，喷香水或发胶时应将琥珀首饰取下来。

保养琥珀最好的办法是长期佩戴，因为人体油脂可使琥珀越戴越光亮。

穿透岁月和历史的琥珀，有一种直达心灵最深处的美

一、正确清洗

与硬物摩擦是琥珀的一个致命伤，因为这样会使它的表面产生细痕，使其渐渐变得毛糙。许多人在清洗琥珀的时候，往往会选择毛刷或牙刷，这是非常错误的习惯，这种

使用琥珀念珠可以帮助人们舒缓心神，使人平静

艺术家创造性地把佛教故事融入
琥珀创作中

方法只能使琥珀变得更加粗糙，从而黯然失色。有的玩家采用首饰店中的超声波首饰清洁机器去清洗琥珀，这种方法其实仅仅适合一般首饰，对于琥珀是非常不适合的，很可能会将琥珀洗碎。

琥珀如果长期外露搁置或者佩戴过久，都会沾染上灰尘或汗水，如果有意清洗，可以放入含有中性清洁剂的温水中浸泡，待浸泡一段时间后，用手轻轻搓净，取出后，再用柔软的布料擦拭干净，完全干燥后，在表面滴上少量的橄榄油或茶油，轻轻擦拭，让其布满整个琥珀，擦拭一段时间后，用干布将多余油渍擦掉，琥珀即可恢复光泽。

二、经常检查

要经常检查琥珀镶嵌部位的严谨度。由于琥珀硬度低，在镶嵌时一般会使用胶水黏合镶嵌部位，经常佩戴可能导致松动。需要经常检查镶嵌部位，以免脱落。

琥珀的纹理千变万化，颇有情趣

琥珀总是散发着淡淡的香味儿，有一款香水品牌就取名琥珀香水

三、恢复光泽

琥珀佩戴时间久了，表面会因氧化作用而失去光泽，遇到这种情况，不适合用力清洗，而是应该使用棉布等柔软的物品包裹住琥珀，在其表面轻轻摩擦，直到微微发热，这种温热使琥珀内部有所感应，消失的光泽会重新展现出来。

四、小心受损

如果琥珀受到严重的损伤，千万不要自己处理，一定要交给专业人士来帮忙处理。另外，琥珀的存放环境要尽量避免强烈的温差变化，因为琥珀比较容易脱水，不能放在干燥环境中，以免过于干燥产生裂纹。最好让琥珀保持在一个适当而稳定的温度下，琥珀保养才能做到最佳。

琥珀隐藏着未知的生命信息，等待着人类探密

五、长期佩戴把玩

　　保养琥珀最好的方法，还是长期佩戴把玩。因为人体的油脂和温度能使琥珀产生细微的反应，有益于外表的美观，可以越戴越光亮。经常抚摸把玩琥珀，也可以使它与人心灵相通，呈现出琥珀的魅力。

琥珀的内含信息像是地球亿万年前写给现代人的信

或许是受到太阳过多的恩惠，
琥珀颜色属于太阳色系

琥珀的暖色系颜色有种甜甜的滋味，回味无穷

附　录　琥珀鉴赏常用术语

琥珀：行内所说的"琥珀"一般是指狭义的琥珀，即相对蜜蜡而言的透明琥珀。

蜜蜡：指琥珀中不透明的品类，是相对狭义概念的琥珀而言的。

老蜜蜡（老蜡、老蜜）：有两种意思：①指海珀中颜色比较深的蜜蜡；②指海珀蜜蜡原石被制作成成品后，经过多年（一般指50年以上）的盘玩，形成了包浆、风化纹等特征的老物件，又称为古董老蜜蜡。

新蜜蜡：指海珀中颜色比较浅的蜜蜡。

西藏蜜蜡：西藏并不产蜜蜡，"西藏蜜蜡"指原产于波罗的海的蜜蜡，于几十年至数百年前销售到西藏并传承下来的古董老蜜蜡。由于蜜蜡在藏民、僧侣、信众和寺庙中被长期供于佛前，受香熏蜡烤，形成了不同的包浆、氧化皮色，不同于波罗的海的蜜蜡。

波蜡：波罗的海蜜蜡的统称，一般以黄白为主，也叫海料、海蜡，分纯海料和半海料两种，纯海料是从海里捞出来的，半海料是从地里挖出来的。

矿蜡：也叫矿珀，泛指通过开矿挖掘出来的琥珀，分布在煤层、石层和土层中，是区别于波罗的海半海料的其他琥珀，主要产地有中国抚顺、亚洲缅甸和南美的墨西哥、多米尼加等地。

珍珠蜜（珍珠蜜蜡）：指经过优化的金绞蜜，琥珀与蜜蜡的分界如蛋清蛋黄般清楚。

优化琥珀：指采用国际琥珀行业认可的方式，通过人工的方式对琥珀成品或者半成品，采用热处理的方式改变了透明度、颜色等物理性质的琥珀。优化琥珀可以以"天然琥珀"的名称进行销售，无须特殊标注。

优化：是开采出来后，对于颜色和质地较差的蜜蜡的一种处理方式，一般分为物理和化学两种，传统的处理方法一般是微烤，就是现代意义上的高温高压。

压清：优化的一种，对于有裂纹和杂质过多的蜜蜡，通过高温高压的方法，使其熔化再成型，脱去杂质，让蜜蜡的边缘变得像玻璃一样透亮。

喷油：简易抛光的一种方式，就是将抛光油喷到雕件表面，抛光速度快，但是把玩后不如手工抛的漂亮。

纯天然琥珀：指只进行机械处理（比如：打磨、切割、车床冲型和抛光），没有改变任何自然属性的琥珀。

烤色：采用人工的方式，快速模仿自然界能使琥珀产生颜色变化的条件从而改变琥珀的颜色的过程。属于琥珀的优化处理，国际琥珀行业认可这种优化方式，烤色琥珀仍然属于天然琥珀的范畴。常见产品有烤色老蜜蜡、烤色血珀等。

爆花：指通过人工的方式，使琥珀处于一定的压力与温度中，通过瞬间减压，使琥珀中的气泡"炸裂"成荷叶样的鳞片（俗称太阳花）。属于琥珀的优化处理，国际琥珀行业认可这种方式，人工爆花的琥珀也属于天然琥珀，如花珀。

覆膜（喷漆）：指在琥珀成品表面喷一层极薄的亮光漆。①覆无色膜：喷无色透明的亮光漆，目的是简化手工抛光工序，降低抛光成本；②覆有色膜：喷有颜色的亮光漆，目的是改变琥珀的颜色。

反衬：制作琥珀镶嵌制品时，在底托上涂一层黑色的涂层。一般用在蓝珀的镶嵌上，原因在于黑色的背景使蓝珀的"蓝"更明显，用黑线穿蓝珀珠子也是这个道理。这属于装饰，对琥珀没有任何损伤，目的是更好地体现琥珀特性。

荧光（潜在色）：指在紫光灯的照射下看到的琥珀颜色。

手工珠：采用手工磨的八分圆的圆珠。

正圆珠：琥珀原石用手工切割成方粒后，用窝珠机打磨成标准圆的圆珠。正圆珠的材料耗损率大，对材料要求更高、更具有收藏价值。

皮子：未经过打磨的琥珀原皮，主要是土黄色和红色的。

水头：琥珀整体的润度、晶莹度、氧化程度的标志。

冰裂纹：琥珀裸石表面氧化后的网状裂纹。冰裂纹一般不会深入内部，气候干燥的北方更容易产生此现象，是血珀的特征之一，金珀、棕红珀（除血棕珀外）、珀根、蜜蜡基本没有冰裂现象。

风化纹：原矿经自然风化产生的表象。

净水：珀体无杂无裂，整体无瑕疵，净度高。适用于血珀、金珀类、棕红珀、金棕珀、珀根、蜜蜡类不适用。

雾：为珀体内影响清澈度的混浊颗粒，在珀体内似淡淡的雾状物质。

机油光：在自然条件下琥珀表面泛出来的光彩，又因这种色彩与鸡油的光彩相似，故得名为机油光。此种说法常用于缅甸琥珀，缅甸琥珀中有相当一部分具有这样的色彩，因此逐渐被大部分缅甸琥珀销售商所接受并推广。

原石（裸石）：去掉表面石皮而且经过抛光的琥珀。

2014-07-20，富佳斋拍卖有限公司拍卖，成交价人民币 168000 元

2014-07-20，富佳斋拍卖有限公司拍卖，成交价人民币 1155000 元

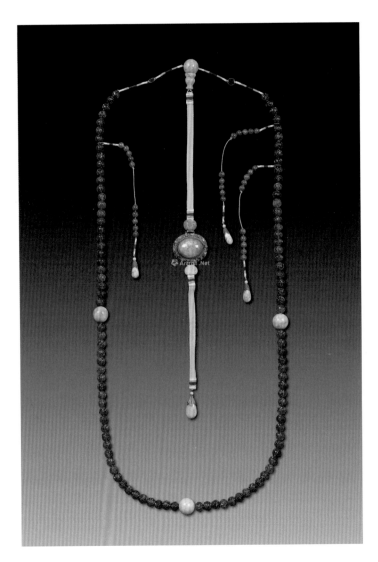

2014-11-20，北京东正拍卖有限公司拍卖，成交价人民币 920000 元

2012-03-26，北京亚洲容海国际拍卖有限公司拍卖，成交价人民币 92000 元

2014-05-18，北京东正拍卖有限公司拍卖，成交价人民币 92000 元

2013-06-06，北京远方国际拍卖有限公司拍卖，成交价人民币 1035000 元